통증 클리닉
내 몸을 살린다

박진우 지음

모아북스
MOABOOKS

저자 소개

박진우 | 공학박사. 현재 고려인삼제품(주) 연구원장 겸 기능성 식품 팀장과 일본 동경수산대학 교환교수로 역임하고 있으며, 논문으로 『glucose - amino 산계반응생성 물질의 생물작용 』외 40편 발표, 그리고 식품화학 외 5종의 대학교재를 편찬했으며, 해조류를 이용하여 제조한 기능성 식품에 관한 발명특허(제 0195503호)가 있다.

통증클리닉, 내 몸을 살린다

1판 1쇄 인쇄 | 2009년 11월 16일
1판 1쇄 발행 | 2009년 11월 20일

지은이 | 박진우
발행인 | 이용길

발행처 | **모아북스** MOABOOKS
영업 | 권계식
관리 | 윤재현
디자인 | 이룸

출판등록번호 | 제 10-1857호
등록일자 | 1999. 11. 15
등록된 곳 | 경기도 고양시 일산구 백석동 1332-1 레이크하임 404호
대표 전화 | 0505-627-9784
팩스 | 031-902-5236
홈페이지 | http://www.moabooks.com
이메일 | moabooks@hanmail.net
ISBN | 978-89-90539-63-2   03570

통증, 진통제로는 해결할 수 없다

통증이라는 단어를 사전에서 찾아보면 이렇게 쓰여 있다. '실제적이거나 잠재적인 손상으로 나타나는 불쾌한 감각적이고 감정적인 경험.'

결국 통증이란 엄청나게 아픈 정도의 통증뿐 아니라 일상적으로 불쾌한 정도의 수준으로도 나타날 수 있다. 그런데 너무 바쁘게 사는 대부분의 사람들은 일상 속에서 나타나는 이 불편한 통증들을 무시하거나 심각하게 여기지 않는다. 바로 이 때문에 작은 통증이 점점 커져 큰 병을 키우게 되기도 한다.

그렇다면 우리는 왜 이처럼 통증에 무감해졌을까? 이유는 다른 것이 아니다. 많은 사람들이 일상적으로 통증을 겪고 살아가기 때문이다. 너도 나도 조금씩은 아픈 상황이니 웬만큼 아파서는 명함도 못 내미는 것과 비슷하다.

직장에 다니는 사람들의 경우 잦은 컴퓨터의 사용, 과도한 스트레스 등으로 일정한 허리와 목 부근의 통증, 그 외에 두통 등을 자주 느낀다. 집안일에 시달리는 주부들은 일찍이 관절염을 경험한다.

심징적으로나 육체적으로도 과로하는 현대의 여성들에게는 생리통도 주요 문제다. 뿐만 아니라 중장년을 비롯한 성인들의 허리 통증, 치통, 이유를 알 수 없는 근육통과 가슴 통증, 나아가 어린이 통증 등까지 세밀한 부분까지 짚고 넘어가면 그야말로 끊임없다.

이런 상황에서 우리는 몇 가지 태도를 취할 수 있다.

첫째, 작은 통증은 그저 참고 넘기는 것이다. 하지만 이런 작은 통증들이 계속 쌓이면 돌이킬 수 없는 질병을 키운다는 점에서 이는 절대로 좋은 방법이 아니다.

둘째는 진통제를 복용하는 것이다.

최근 진통제 사용이 일반적이 되면서 진통제를 가방에 넣어 다니는 이들이 부쩍 늘었다. 그러나 유명 진통제들의 광고에는 '의사 약사와 상의하십시오. 부작용이 있을 수 있습니다' 라는 짧은 문구를 제외하면 부작용에 대한 구체적인 경고를 하지 않는다. 하지만 이렇게 진통제를 오남용하면 치명적인 상황을 당하게 될 우려도 있다.

예를 들어 미 FDA가 진통제 성분의 간 손상 위험을 경고한 적이 있다. 세계적으로 유명한 진통제의 성분인 아세트아미노펜을 과다 복용할 경우 급성 간부전 등 간 손상을 일으킬 수 있다는 것이다.

특히 이 아세트아미노펜 성분을 술과 함께 복용할 경우는 더욱 위험할 수 있다고 한다. 체내에서 알코올을 분해하는 곳이 간인 만큼, 술과 함께 이 성분이 몸으로 들어가면 간에 걸리는 부하가 더 커질 수밖에 없기 때문이다.

진통제를 의사의 처방 없이 살 수 있는 '일반의약품'에서 의사의 처방이 꼭 필요한 '전문의약품'으로 분류하자는 주장이 나오고 있는 것도 바로 이런 점들 때문이다.

그렇다면 이런 크고 작은 통증들에 대비하는 가장 좋은 방법은 무엇일까?

바로 내 몸에서 일어나는 통증의 원인에 대해 잘 알고 대비하는 것이다. 지피지기 백전백승은 단순히 전쟁에서만 쓰이는 전략이 아니다. 우리가 온힘을 다해 지켜야 할 건강과 관련해서도 꼭 필요한 말이다.

이 책은 우리가 꼭 알아야 할 통증의 종류, 나아가 이 통증들을 일상적으로 돌볼 수 있는 생활 속 습관들에 대해 상세히 알아보고 우리 몸의 통증 해소를 도와주는 클리닉에 대한 정보도 함께 담았다.

이 모든 분들에게 이 책을 권한다.

- 병원을 가도 이유를 알 수 없는 잦은 통증으로
  고생하시는 분들
- 평소 두통, 생리통, 요통 등으로 일상생활에 지장이
  있으신 분들
- 통증클리닉과 통증 해소에 관심이 있으신 분들
- 튼튼한 뼈와 근골계를 원하시는 분들
- 교통사고 후유증 및 기타 외상 등으로 아프신 분들
- 가족들의 건강을 원하시는 분들

프롤로그 _ 5

　통증, 진통제로는 해결할 수 없다

1장 현대인을 괴롭히는 다양한 통증들_11

　1. 통증으로 고통 받는 현대인들 _ 11
　2. 쑤시고 결리는 근육통 _ 12
　3. 심각한 거북목 증후군 _ 17
　4. 몸을 무겁게 하는 요통 _ 20
　5. 여성들의 고질병인 생리통 _ 22
　6. 지끈지끈한 두통 _ 25
　7. 통증, 참지 말고 이기자 _ 28

2장 통증을 이기려면 내 몸을 알아야 한다_33

　1. 통증과 면역 체계 _ 33
　2. 통증과 항산화 작용 _ 37
　3. 통증과 신경 전달 이상 _ 40
　4. 통증과 혈액 _ 45
　5. 통증과 근골격계 손상 _ 49
　6. 통증과 마음 _ 55

3장 내 몸을 살리는 영양 통증클리닉_58

1. 요통과 신경통에 좋은 솔잎 치유법 _ 58
2. 관절 통증에 좋은 홍화씨 치유법 _ 61
3. 근육과 골격을 강하게 하는 두충 _ 64
4. 내 몸의 면역을 높여주는 다양한 약재들 _ 66

4장 통증클리닉을 통해 건강을 찾은 사람들_71

5장 무엇이든 물어보세요, 통증 Q&A_87

- 비만이 통증에 영향을 미친다는데 사실인가요? _ 87
- 외과적 수술 없이 기능성 식품으로도 통증을 치유할 수 있나요? _ 88
- 산후조리 중인데 온몸이 아픕니다. 어떤 조치가 필요할까요? _ 89
- 기능성 식품을 먹을 때 호전반응이 나타날 수 있다고 하는데
  호전반응이란 무엇인가요? _ 90
- 허리가 아플 때 복대를 하면 좋다고 하는데 사실인가요? _ 91

에필로그_92

통증, 참지 말고 날려버리자

1장 현대인을 괴롭히는 다양한 통증들

1. 통증으로 고통 받는 현대인들

목이나 어깨, 허리, 엉덩이, 관절, 눈, 머리, 흉부같은 흔한 통증 부위 외에 사실상 우리 몸은 모든 부분에서 통증이 일어난다. 우리가 느끼는 일상적인 통증들을 부위별로, 종류별로 분류하자면 한두 가지가 아닐 것이며, 미세하면서도 반복적인 통증들까지 합하면 아무리 긴 목록을 작성해도 부족할지 모른다.

여기서 우리는 한 가지 사실에 주목해야 한다. 이 일상적인 통증들은 엄청난 질병으로 인한 통증이라기보다는 잘못된 생활습관이나 스트레스 관리 실패, 영양 섭취의 불균형 등 지극히 일상적인 건강 습관에서 비롯된다는 점이다.

실제로 허리디스크는 꼭 무거운 것을 들다가 허리를 다

친 사람에게만 찾아오는 병이 아니다. 크게 다치기 전에 잘 못된 자세 등으로 서서히 몸이 망가진 결과인 것이다.

따라서 통증의 종류를 알아보려면 우리 생활습관의 깊은 부분으로 들어가 각각의 통증들을 분류해볼 필요가 있다.

2. 쑤시고 결리는 근육통

근육통에서 대표적인 것은 근근막 증후군이다. 근근막 증후군이란 근육과 근육을 싸고 있는 막에서 유래되는 통증을 말한다.

우리 몸의 근육은 적절한 수축과 이완을 통해 근육 자체의 기능을 유지한다. 이때 부자연스럽거나 긴장된 자세를 반복해 장기간 근육이 과도하게 긴장하면 근육이 자체의 탄력성을 잃고 쉽게 수축되이 떡딱해시세 뇐다.

이렇게 근육이 딱딱해질 경우 근육 내 분포하는 신경이 눌리고 혈관이 압박되어 근육 내에서 생긴 통증 물질들이 배출되지 못하고 축적되어 통증이 유발된다.

주로 목, 어깨, 등, 허리, 엉덩이, 뒷무릎에 발생한다.

이 근근막 증후군에는 여러 요인들이 있는데 척추가 휘어 있거나 팔다리 길이가 달라 근육이 비대칭으로 발달했거나 외상을 크게 입은 경우에도 생길 수 있다.

그런데 놀라운 것은 이 근근막 증후군이 완벽주의자들, 한 자리에 앉아 오래 일하면서 똑같은 자세로 앉아 있는 이들에게도 자주 나타난다는 점이다.

예를 들어 하루 열 시간 이상 공부하거나 일하는 직장인들과 학생들의 경우 고개를 숙인 채 책을 보고 컴퓨터를 조작하면서 신체적 무리가 목이나 어깨, 허리처럼 스트레스를 잘 받는 부위의 근육에 통증 유발점을 생성시킨다. 그리고 이 통증이 다시 스트레스가 되어 통증 유발점을 활성화시켜 일종의 악순환의 고리를 생성해 통증도 심해진다.

만성 전신성 통증 질환으로서 만성 피로감, 수면장애, 우울증 등을 동반하는 질환인 섬유근 증후군도 마찬가지로 주요 근육통이다.

섬유근통이란 관절 주위에 있는 인대, 근육, 힘줄 등 연부조직 류머티즘의 일종으로서, 특정 인대·근육 접합부를 눌렀을 때 통증이 생기는 질환이다.

이 섬유근통 환자들은 흔히 병원에 가서도 제대로 된 병명이 나오지 않아 꾀병이라고 불리는 경우가 많다. 이것은 이들이 일반사람은 쉬이 넘기는 자극도 통증으로 받아들이기 때문이다.

보통 40, 50대 여성에게서 많이 나타나지만 전 연령에 걸쳐 생길 수 있다.

우리나라 전체 발병 빈도에 대한 연구는 아직 없지만 최근 경북 포항, 울진을 대상으로 조사에서 2.2%가 섬유근통을 앓고 있고, 나이가 들수록 증가한다고 하는데 이 섬유근통이 발생하는 기전 역시 스트레스, 정신적 중압감 등이 원인이다.

오랜 시간 불면증을 앓았거나 과로했을 때 쉽게 생길 수 있고 거의 90% 이상이 여성 환자들이다.

섬유근통 자가진단

　일반적으로 1990년 미국 류머티스학회가 제안한 분류 기준을 따르는데 최소 3개월 이상 신체의 좌우, 허리 위아래, 척추 부위에 통증이 있고 전신의 18개 압통점 중 11개 이상에서 통증이 있는 경우 섬유근통으로 진단한다. 압통점 진단의 경우 보통 손가락으로 압통점을 누르면 몸이 움찔하거나 통증을 느낀다. 간단한 자가진단 방법으로, 머리 뒤쪽 머리뼈 바로 밑의 근육 힘줄이나 뒷목과 어깨가 만나는 부위의 근육을 따라 누를 때 심한 통증이 나타나면 섬유근통을 의심해볼 수 있다.

섬유근통 환자의 18개 압통점 (출처 - 매일경제)

-처방

* 규칙적인 유산소 운동

정기적으로 적절하게 실시하는 유산소 운동은 통증과 피로감을 줄여준다. 약물 치료로 증상을 어느 정도 호전시킨 다음 시작하는 게 바람직하다. 걷기, 자전거 타기, 수영 등 가벼운 운동이 좋고 서서히 운동량을 늘려야 한다.

* 스트레스 조절

스트레스를 적절하게 조절하는 것도 중요한데, 심호흡이나 명상 등의 방법이 많이 사용된다. 충분한 수면과 술·담배·카페인 섭취를 제한할 필요도 있다.

특히 통증에 너무 매몰되거나 걱정하면 오히려 증상이 악화되기 때문에 긍정적인 생각으로 즐거운 일을 찾아 집중하는 것도 도움이 된다.

평소에 자리에 앉아 일할 때는 지나치게 고정적인 자세로 일하지 않고, 중간 중간 휴식을 취해야 하며, 무엇보다 스트레스를 받지 않기 위해 마음을 편히 먹을 필요가 있다.

3. 심각한 거북목 증후군

거북목이란 가만히 있어도 머리가 거북이처럼 앞으로 구부정하게 굽어져 있는 목을 말한다. 일자목이라고도 불리는데, 옆에서 봤을 때 원래 목뼈는 C자형 곡선이어야 하는데, 일직선에 가까운 형태인 경우가 많아서이다. 문제는 이 작은 부위의 문제가 나중에는 심각한 척추질환을 야기할 수도 있다는 점이다.

이 거북목은 컴퓨터 사용이 잦거나, TV 시청 시간이 길거나, 운전 습관이 잘못되거나 출퇴근 버스에서 자주 조는 사람 등이 잘 걸린다. 또한 종일 컴퓨터를 사용하는 일반사무직, 컴퓨터 디자이너, 프로그래머나 상체를 숙여 작업하는 건축사, 의상디자이너 등에게서도 많이 발생한다. 게다가 최근에는 장시간 TV를 시청하거나 컴퓨터 게임을 즐기는 아이들도 거북목에 쉽게 노출되고 있다.

- 처방

거북목은 심한 경우 목디스크와 같은 근골격계 질환을

유발한다. 목뼈에 충격이 가해질 때 정상 목뼈는 C형으로 스프링처럼 충격을 분산시키는 역할을 하지만, 거북이처럼 목을 앞으로 내민 자세는 충격완화 능력이 현저히 떨어진다.

또한 목뼈 사이의 쿠션 역할을 하는 디스크 역시 지속적으로 압박을 받아 찌그러져 목디스크로 발전하게 될 수 있다. 따라서 잘못된 자세로 인한 거북목을 예방하기 위해서는 올바른 자세를 습관화하는 게 제일 중요하다.

*장시간 컴퓨터 사용 자제

거북목은 컴퓨터를 자주 사용하는 현대인들의 대표적인 질환이며 올바른 자세에 소홀한 사람들에게 자주 오는 만큼 항상 목의 올바른 자세에 유념해야 한다. 거북목을 부르는 가장 대표적인 자세는 모니터를 보기 위해 턱을 앞으로 빼는 자세다.

처음에는 의식적으로 바른 자세로 모니터를 보다가도 점차 어깨가 움츠러들면서 고개가 앞으로 나오고 자세가 변형되기 때문이다.

* 출퇴근 버스나 지하철에서 졸 때 주의

통근 수단에서 졸 때 대부분은 고개를 앞으로 숙인다. 특히 장거리 출퇴근자의 경우 수면시간이 길기 때문에 거북목 자세가 장시간 유지되게 된다.

그러나 등을 제대로 지지하지 않으면 상체가 점점 앞으로 나오면서 고개까지 구부정해지고 이런 자세가 지속되면 목 뒤 근육과 어깨 근육이 쉽게 긴장되고 피로해지게 된다.

따라서 이때는 머리를 의자에 바짝 기대 밀착시켜 자거나 의자 등받이가 낮은 경우에는 옆 유리창에라도 기대고 자는 것이 좋다.

* 휴대폰과 게임 단말기 주의

휴대용 게임기와 PMP(휴대용 멀티미디어 플레이어), DMB 단말기 등이 폭발적으로 인기를 끌고 보급률이 치솟으면서 지하철, 버스 안에서 고개를 파묻은 채 소형 액정화면에 푹 빠져 있는 사람들이 늘고 있다.

하지만 이처럼 눈높이보다 낮게 화면을 오래 내려다보면 거북목 자세로 굳어버리는 만큼 되도록 장시간 보지 않거나 눈높이를 맞춰주는 것이 필요하다.

운전을 할 때 시야 확보를 위해 자동차 핸들에 바짝 붙어 운전을 할 때가 자주 있다. 하지만 핸들에 가까이 다가가면 목이 앞으로 빠지고 등은 점점 굽어 거북목 자세가 된다. 따라서 운전을 할 때는 핸들에서 되도록 몸을 멀리 유지하고 뒷머리에 목 받침대를 받치는 것이 좋다.

4. 몸을 무겁게 하는 요통

요통은 허리가 아픈 증세를 통틀어 이르는 말로서 큰 원인은 3가지다.

첫째는 요추(腰椎)나 천추(薦椎) 등의 구조나 역학적인 이상, 둘째는 요부의 근육·근막(筋膜)·건(腱), 신경 장애, 셋째는 내장 장기 질환과 골반 장기의 질환이다. 인간은 직립보행을 하는 만큼 이 요부에 역학적인 약점이 생겨 요통을 앓기 쉽다.

이처럼 추간판탈출증(椎間板脱出症), 변형성 척추증, 척추과민증 같은 정형 외과적 질환은 물론, 췌장질환, 위·십

이지장질환, 담낭질환, 당뇨병성 신경염 등으로 인한 내과적 질환으로도 발생하며, 자궁위치이상 · 월경 · 임신 · 골반염 · 자궁암 · 난소종양 외에 신장종양 · 요로결석 같은 산부인과 · 비뇨기과적 질환으로도 나타난다. 또한 원인이 분명하지 않은 요통처럼 수많은 원인들이 존재하고 아픔의 정도와 증세도 다양하다.

- 처방

*추나요법 등 한방치료

현대의학에서는 주로 수술로 치료하고 심할 경우 외과적 수술이 겸비되어야 한다. 하지만 등뼈가 돌아가거나 휘어지거나 간격이 좁아지거나 디스크가 눌리는 등의 균형이 깨진 것을 손으로 밀고 당겨서 바로잡아 주는 추나요법과 침치료, 한약복용 등을 병행하면서 척추 인대, 근육 등 주위조직을 강화시켜 회복을 촉진시키고 재발을 방지하는 것이 보다 근원적인 치료다.

골반이 비뚤어진 환자의 경우, 병증이 오래되지 않은 경우는 금방 회복되며 대게 1~2개월이면 치유가 가능하다.

* 뼈를 튼튼하게 해주는 음식 섭취

요통은 주로 칼슘부족, 운동부족에 의한 뼈와 근육의 노화가 원인인 경우가 많다. 특히 중년층 이상은 칼슘의 흡수율이 저하되기 때문에 더욱 칼슘 섭취가 중요하다.

대표적 음식으로 우유, 치즈등 유제품과 새우, 멸치 등 뼈째먹는 생선, 사골 등이 좋고, 엄나무 뿌리나 껍질, 우슬·두충·속단을 달여서 마시면 뼈와 주위 근육 조직들을 튼튼하게 해주는 효과가 있다.

그밖에도 부추 , 검은콩, 비파잎, 개다래 등이 효과가 있는 것으로 알려져 있다. 한약처방으로는 육미지황탕, 오적산, 팔미환 등의 약들이 많이 사용된다.

5. 여성들의 고질병인 생리통

생리통은 월경 기간에 가임기 여성의 약 50%에서 나타나는 흔한 부인과적 증상이다. 월경통은 골반 내 특별한 이상 징후 없이 월경 시에 주기적인 통증을 보이는 원발성 생리통과 골반 내의 병리적 변화와 연관되어 나타나는 속발성 생리통으로 나누어진다.

원발성 생리통은 자국 내막에서 분비되는 프로스타그란딘이라는 생리활성 물질로 인한 것으로 이 물질이 자궁 근육을 수축시켜 생기는 통증이다.

이 경우 많은 여성들이 겪는 통증으로 생리 기간이 지나면 사라지지만, 속발성 생리통의 경우는 다르다. 속발성 생리통은 2차 생리통이라고도 부르는데 자궁근종, 자국내막증, 자궁선근종, 자궁내 피임장치, 난관염, 자궁내막 유착, 골반염 등 여러 질환으로 인해 이차적으로 생겨나는 통증인 만큼 반드시 치료가 필요하다.

-처방

*비만은 생리통의 가장 큰 적

정상 몸무게를 넘어서는 과체중의 여성의 경우 체지방과 내장 지방이 증가되면서 자궁의 혈액순환이 방해를 받게 된다. 이 때문에 하복부와 자궁이 차가워질 수 있는 만큼 비만을 반드시 경계해야 한다.

* 담백하고 칼슘과 마그네슘이 풍부한 음식을 섭취

칼슘과 마그네슘에는 뼈를 형성하는 데도 도움이 되지만 자궁의 기능을 안정시키고 통증을 줄여준다.

따라서 생리 수일 전부터 이 미네랄들을 영양제로 복용하거나 음식으로 충분히 섭취하면 통증이 현저히 줄어드는 효과를 기대할 수 있다.

좋은 음식으로는 콩류와 해조류, 된장과 콩밥 등 양질의 단백질이 많은 식품이 좋다. 콩에 들어 있는 이소프라본과 마그네슘이 호르몬 활동을 조절해주고, 다시마나 김, 미역 등의 해조류에 풍부한 미네랄이 불안한 기분을 안정시켜주기 때문이다.

또한 불포화 지방산이 많은 참치와 꽁치, 고등어 등도 염증과 통증을 완화시켜준다.

* 꽉 끼는 옷을 피한다

상의도 그렇지만 특히 꽉 끼는 하의는 혈액순환을 막고 불편감을 증가시켜 생리통에 좋지 않은 영향을 미친다. 따라서 생리 기간에는 반드시 순면의 넉넉한 속옷과 겉옷을 입어주는 것이 좋다.

6. 지끈지끈한 두통

두통은 사실상 대부분의 사람들이 일생 동안 종종 경험하는 증상으로 일차성 두통과 이차성 두통으로 나뉜다.

편두통과 두통은 스트레스, 피로, 수면부족 등이 원인이고 일상생활을 수행할 수 있는 정도의 강도인 만큼 일반적으로 처방전 없이 약국에서 살 수 있는 진통제로도 증상이 어느 정도 경감되며 피로 등의 원인 요소가 사라지면 함께 사라진다.

하지만 노인에게서 새롭게 발생한 두통이거나 비교적 흔하게 발생하는 측두동맥염, 근막동통증후군, 약물과 용두통 등의 이차성 두통, 또한 치명적일 수 있는 뇌종양, 뇌출혈, 뇌압상승, 뇌염, 뇌수막염 등에 의한 이차성 두통은 반드시 병원을 방문하여 두통을 유발할 수 있는 다양한 원인 유무에 대해 진료를 받을 필요가 있다.

-처방

* 커피와 술을 금한다

카페인은 약한 진통제로 두통을 완화시키는데 도움이 될 수 있으나 만성적인 카페인의 복용은 진통제 과용에 의한 두통, 일상적인 만성적인 두통, 및 중독성 등으로 발전될 수 있다.

또한 만성적으로 카페인을 사용 후 금단 증상으로 두통이 유발될 수 있으며, 일상적으로 마시는 카페인 용량도 신경계에 강력한 자극이 될 수 있다.

따라서 두통 시 카페인 음료에 지나친 섭취는 바람직하지 못하다. 술 역시 숙취에서 깨어날 때 심각한 두통을 유발할 수 있는 만큼 소량 섭취 이상의 과음은 반드시 피해야 한다.

* 저염식, 무 화학조미료 섭취

두통은 심혈관질환 등의 이상으로 나타날 수 있는 만큼, 이와 관련된 병력이 있거나 위험 요인을 가진 경우 반드시 영양 전문가의 도움을 받아 저염식을 중심으로 식사 요법을 실천해야 한다.

최근 두통의 원인 중에 주목 받는 것 중 하나가 화학 조미료인데, 아직 근거가 부족해 섭취 제한을 권장하지는 않지만, 뇌졸중을 비롯한 고혈압 등 뇌혈관 질환이 있는 경우 식사요법으로 저염식을 해야 하므로 이때는 반드시 화학조미료의 섭취를 제한해야 한다.

* 긴장성 또는 심인성 두통은 생활습관을 바로잡아야 한다

적당한 운동과 충분한 휴식과 수면, 편안한 마음은 모든 질병 치료의 시작이므로, 과도한 업무를 피하고 신경을 많이 쓸 만한 일에는 거리를 둘 수 있는 마인드컨트롤이 필요하다.

또한 규칙적인 운동도 심인성 두통에 큰 도움이 되므로 일주일에 3회 이상 꾸준히 운동하는 것이 좋다.

* 금연을 한다

흡연이 두통에 직접적으로 어떤 영향을 미치는지는 밝혀진 바가 없으나 흡연 시 몸 안에 축적되는 독성 물질들이 두통의 원인이 될 수 있는 만큼 반드시 금연이 필요하다. 간접 흡연 역시 두통에 좋지 않은 영향을 미치므로 피하도록 한다.

6. 통증, 참지 말고 이기자

사실상 우리가 느끼는 통증은 근본적으로 아주 급격한 질병이라고 볼 수는 없다.

또한 우리 몸도 이런 일상적인 질병에 대항해 자연적으로 통증을 억제하는 진통제를 분비한다. 대표적인 것이 '몸 안에서 분비되는 모르핀' 이라고 불리는 엔도르핀이다.

이 엔도르핀은 심한 육체적 정신적 고통을 경험할 때 이를 견뎌내기 위해 뇌에서 분비되는 항 스트레스 물질로서, 여성이 극심한 출산의 고통을 이겨낼 수 있는 것도 이 엔도르핀 덕분이라고 한다.

그러나 현대사회의 급격한 발전과 무분별한 식생활 등으로 이런 자연 엔도르핀만으로는 해결할 수 없는 갖가지 통증들, 특히 만성적인 통증들이 생겨나면서 등장한 것이 바로 진통제다. 물론 인류는 옛날부터 통증을 없애기 위해 진통제를 발견하고 연구해왔다.

최초의 진통제는 기원전 1550년 파피루스에 기록된 양귀비 즙이고, 고대 서양의학의 선구자인 히포크라테스는 버드나무껍질의 해열작용을 발견했으며, 이 버드나무껍질의 살리신이란 성분을 이용한 것이 최근의 아스피린이다. 게다가 모르핀은 인류가 발견한 가장 강력한 진통제로서, 중독성이 강하지만 신경계에 작용해 통증을 없애는 탁월한 효과가 있다.

하지만 인류를 통증으로부터 해방시킨 이 진통제에 대한 의존도가 지나치게 높아지면서 최근에는 진통제의 안전성에 대한 논란도 심심찮게 일고 있다. 혈액질환 유발 가능성이 있는 '이소프로필안티피린(IPA)'과 간 손상 위험이 있는 '아세트아미노펜', 석면이 함유된 '탈크' 등 논란의 대상이 될 만한 진통제 성분이 많아졌기 때문이다.

물론 아직도 우리는 약국에 가면 얼마든지 큰 제재 없이 진통제를 구입할 수 있다. 그러나 사실상 이런 진통제의 효과는 일시적인 것일 뿐 그 근본적인 치유와는 거리가 멀다. 또한 중독성이나 여러 부작용 등 인체에 유해한 측면이 존재하는 만큼 상시적으로 사용하기에는 어려움이 많다.

이런 상황에서 등장한 것이 바로 통증클리닉이다. 통증클리닉은 현대인들의 통증을 완화하고 일상적 고통으로부터 벗어나게 하는 데 목적이 있다.

디스크, 두통, 근육통, 생리통 등 지금까지 그러려니 참아왔던 통증들, 진통제로 일시적인 진정 효과만 기대했던 통증들을 다양한 요법을 통해 개선하는 것이다. 여기에는 단순한 양방, 한방만 쓰이는 것이 아니라 체질에 따른 한약치료를 하며 일상생활에서의 운동요법, 식이요법, 생활요법 등도 널리 사용된다.

통증은 무엇보다도 삶의 질을 떨어뜨리기 때문에 치료 못지않게 예방이 중요하다.

그리고 앞서 살펴본 대표적인 일상 통증들과 그 원인들을 점검해본 결과 우리는 일상적 통증을 예방하려면 필요한 자세를 다음 4가지로 요약해볼 수 있을 것이다.

첫째, 올바른 자세

잘못된 자세가 수많은 통증을 유발한다는 건 누구나 아는 사실이다. 하지만 세 살 버릇 여든까지 간다고 한 번 밴

습관을 고치기는 어렵다. 습관 고치기가 어렵다면 평소에 허리를 곧게 한 채 앉는 자세만이라도 유지해보자.

둘째, 지속적인 운동을 통한 근육 강화

몸의 통증은 근골격계의 약화를 뜻한다. 즉 전신의 근육들을 꾸준히 강화하면 우리 몸도 통증으로부터 그만큼 자유로워진다. 또한 지속적인 운동은 심폐기능 강화에도 도움이 된다.

셋째, 작업 도중의 휴식

각종 격무에 시달리는 현대인들에게 통증은 일종의 직업병이다. 사무실에 꼼짝 않고 앉아 있는 사무직은 물론, 반복 작업을 하는 육체 근로자들도 반드시 일정 시간 업무 뒤에 휴식 시간을 가져야 한다. 긴장된 몸 구석구석을 다시 이완시켜야 통증에 구속 받지 않을 수 있기 때문이다.

넷째, 몸의 면역력을 높이는 음식을 골고루 섭취 한다

우리가 먹는 음식은 몸의 건강을 유지하는 데 가장 중요한 역할을 하는 기본적인 재료라고 해도 과언이 아니다.

실제로 건강한 식생활을 하는 이와 그렇지 않은 이는 면역력과 활력, 몸의 균형 상태에서 상당한 차이를 보인다. 통증도 결국은 몸의 영양 밸런스가 깨져 나타나는 질병의 일환인 만큼 평소 먹는 음식들을 점검해보고 몸에 좋지 않은 음식은 가급적 피하고 건강식을 지향해야 한다.

그렇다면 다음 장에서는 통증에 대한 보다 근본적인 부분을 살펴보기 위해 우리 몸의 다양한 통증들을 좀 더 포괄적인 의학적 견지에서 살펴보도록 하자.

2장 통증을 이기려면 내 몸을 알아야 한다

1. 통증과 면역 체계

많은 이들이 통증을 외부의 문제, 즉 외과적 손상이나 충격에서 오는 것이라고 생각한다. 통증이 심할 때 외과적 수술을 선택하는 것도 이런 이유에서다.

하지만 골절과 타박 사고나 무리한 자세 같은 외부적 손상 외에, 우리 몸의 내부적 손상 또한 통증의 원인이 된다는 견해가 최근 주목을 받고 있다. 일종의 자연치유 통증치료를 내세우는 카이로프랙틱도 바로 그런 견해를 치료에 도입한 좋은 사례이다.

카이로프랙틱은 그리스어로 손을 뜻하는 카이로(chiro-)와 치료하다(practice)의 합성어로서, 약물이나 수술을 사용하지 않는 자연적인 접근법을 통해 통증을 느끼는 부분 외에 인체 전체를 치료하는 자연 치유법을 말한다.

특히 이 요법은 단기적이고 확실한 수술이 아닌 예방(Prevention)과 유지(Maintenance) 측면에 역점을 두고 신경과 근육, 골격 모두를 관장한다. 또한 영양과 생활습관, 개선해야 할 나쁜 습관의 교정 등 전 분야를 통틀어 다룬다.

카이로프랙틱이 이처럼 인체 전체에 포커스를 맞추는 것은 인체 본래의 자연치유력을 극대화시키기 위해서다.

자연치유력이란 다시 말해 인간의 육체가 항상 최적의 상태를 유지하기 위해 발휘하는 향상성(Homeostasis)과 관련이 있다.

향상성은 질병 등으로 불안정한 상태에 놓이게 되면 그것을 되돌리려는 성질을 뜻하는데, 몸에 통증이 있을 때 이런 향상성을 높여주면 면역 체계가 활발해지면서 통증이 가라앉고 근본적으로 건강을 증진시키는 결과를 낳는다는 것이다.

카이로프랙틱은 통증을 일으키기 쉬운 운동역학적 조직, 특히 척추와 골반을 중심으로 이들 조직 및 주변조직의 기능적 장애에 대한 병리, 진단, 치료를 실시한 뒤, 이들 조직의 기능적 장애와 통증의 발생을 예방하는 것을 주목적으로 한다. 특히 겉으로 드러난 증상뿐만 아니라 근육과 그

주변 조직과 골격에 대한 치료까지 시행해 그 근본적인 원인을 제거한다.

통(허리), 디스크 질환, 두통, 경추(목) 통증, 견비통(어깨), 흉추(등) 통증, 좌골 신경통, 척추 측만증, 교통사고 후유증 등의 근골격계 질환이 대표적이다.

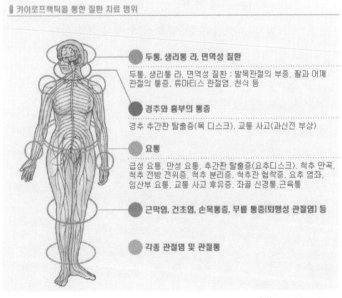

카이로프랙틱을 통한 질환 치료 범위

두통, 생리통 라, 면역성 질환

두통, 생리통 라, 면역성 질환 : 발목관절의 부종, 팔과 어깨 관절의 통증, 류마티스 관절염, 천식 등

경추와 흉부의 통증

경추 추간판 탈출증(목 디스크), 교통 사고(과신전 부상)

요통

급성 요통, 만성 요통, 추간판 탈출증(요추디스크), 척추 만곡, 척추 전방 전위증, 척추 분리증, 척추관 협착증, 요추 염좌, 임산부 요통, 교통 사고 후유증, 좌골 신경통, 근육통

근막염, 건초염, 손목통증, 무릎 통증(퇴행성 관절염) 등

각종 관절염 및 관절통

출처:www.chiro.co.kr

심을 두는 것은 이 부분에 변위가 오게 되면 근육과 신경은 물론 교감, 부교감 신경까지 영향을 받아 면역 기능과 항상성이 저하되어 2차적으로 다양한 질병을 일으킬 수 있기 때문이다.

실제로 안면부의 통증, 어지럼증, 생리 불순, 생리통, 피로감, 불면 등은 미세한 척추의 변위 등으로 통해서도 생겨난다.

카이로프랙틱은 이를 척추교정, 물리치료, 운동 요법, 영양학적 처방, 스트레스 조절, 생활 습관 상담 등을 통해 치료하고 전반적인 건강 증진에 힘쓰고 있다.

면역 체계의 힘을 키우고 자연치유력과 항상성을 증가시키는 치유만으로도 몸 자체가 충분히 치료할 수 있다고 믿기 때문이다.

다시 말해 이는 국소적이고 국부적인 질병 치료가 아닌 몸 전체의 치료가 먼저 선행되어야 올바른 통증 치료가 시작될 수 있다는 의미일 것이다.

2. 통증과 항산화 작용

최근 들어 여러 과학 연구들로 인해 노화의 원인이 밝혀지면서 항산화 작용에 대한 관심도 높아지고 있다.

항산화 작용이란, 우리 몸을 산화시키고 늙게 만드는 독소인 활성산소를 없애 젊음을 유지시켜주고 질병을 예방하는 작용이다.

다시 말해 우리 몸속에서 만들어져 쇠가 녹슬거나 사과가 갈변하는 것처럼 우리 몸의 세포들을 녹슬게 하는 활성산소가 생겨날 때, 몸에 항산화 물질이 많으면 이런 산화작용을 막아 독소를 제거해주고 더 활력 있는 몸을 유지해주는 것이다.

예를 들어 운동을 심하게 하고 나면 이튿날 십중팔구는 허벅지나 장단지의 근육이 뭉쳐 통증을 느끼게 된다. 이런 증상은 골격근에 젖산, 즉 활성 산소로 인한 독소가 쌓여 피로와 통증을 유발시키기 때문이다.

특히 운동량이 많을수록 이런 통증도 심해지는데, 이는 강력한 에너지가 신속하게 근육세포로 공급되기 위해서는 매우 빠르게 에너지를 만들어내는 과정을 거치고, 이때 연료가 산소와 결합해 에너지를 만들면서 산화 과정이 일어나기 때문이다.

뿐만 아니라 일상적으로 우리가 겪는 작고 큰 근육의 통증 역시 마찬가지로 산화 작용과 관계한다.

예를 들어 컴퓨터 앞에 습관적으로 장시간을 앉아있는 경우 대부분이 자세가 삐뚤어진다. 이러한 자세가 지속되다보면 근육이 뒤틀리게 되며 뒤틀린 근육 속의 혈관이 산소를 제대로 공급받지 못해 젖산이 축적되어 근육의 피로와 통증을 유발한다.

컴퓨터를 오래하거나 한 자세로 오래 앉아 있을 때 허리나 어깨의 통증이 발생하게 되는 것은 대체적으로 이런 이유 때문이다. 그런데 바로 이런 통증을 항산화물질이 치료할 수 있다는 연구 결과가 나온 바 있다.

미국 오하이오 주립대학 생리학-세포생물학교수 로버트 스티븐스 박사가 의학전문지 「뇌 행동연구(Behavioral Brain Research)」 최신호에 발표한 연구논문에 따르면, 건강식품보충제에 쓰이고 있는 3가지 복합항산화물질(PBN, TEMPOL, NAC)이 통증을 크게 완화시키는 효능이 있다는 사실이 쥐 실험을 통해 확인되었다고 한다.

그는 한 그룹에는 이 3가지 복합항산화물질 중 하나를, 다른 그룹엔 식염수를 각각 주입한 직후 통증을 유발하는 포르말린을 각각의 쥐들의 왼쪽 뒷다리에 주사했다.

그리고 맨 처음 통증을 감지하고 상처를 물고 핥는 급성기(5분), 통증을 억제하는 기전이 작동하는 정지기(5~15분), 상처를 다시 격렬하게 물고 핥는 강직기(15~30분) 등 총 30분 동안의 통증 반응을 관찰했다고 한다.

그 결과 식염수 대신 합성항산화물질이 투여한 그룹의 경우 상처를 물거나 핥는 시간이 대조군에 비해 급성기에는 70~90%, 강직기에는 무려 78~98%가 적은 것으로 나타났다고 밝혔다.

실제로 지난 10년간 발표된 여러 연구 결과들을 보면 활성산소가 허리, 근육, 어깨 등 만성통증을 유발할 수 있다는 주장들이 있다. 활성산소가 체내에 쌓이면 이미 손상된 상처를 더욱 악화시킬 수 있다는 것이다. 다시 말해 이는 우리가 일상적으로 항산화 작용을 하는 음식을 가까이 함으로써 몸 안의 산화를 지연시키면, 우리가 겪고 있는 여러 통증들에 대해 일정한 치유를 기대할 수 있다는 의미이다.

3. 통증과 신경 전달 이상

그렇다면 통증과 신경 전달은 어떤 관계를 가질까?

위의 카이로프랙틱 요법의 주안점은 바로 약물이나 주사 혹은 수술로 통증 신경을 차단하는 대신 뇌를 비롯한 신경계의 활동을 활성화시켜 인체가 원래 가진 통증 억제력을 극대화시키는 것이다. 그렇다면 통증은 과연 어떤 신경 전달 경로로 우리에게 전달될까?.

우리 몸에는 통증을 받아들이는 감각수용체가 곳곳에 숨어 있다. 이 감각수용체는 갑작스러운 외상이나 염증, 질병, 나아가 자세 이상 등의 다양한 기능 장애를 인식해 그 자극을 신경과 척수를 통해 시상으로 전달한다.

이것이 뇌 기저부의 변연계에 도착하면 통증이 일면서 고통을 느끼기 시작하고, 이것이 두정부의 감각을 담당하는 부위로 가서 통증이 있는 부위를 알게 된다.

이때 인체가 필요로 하는 영양이 충분히 공급되고 신경계의 흐름이 원활하면 회복력이 활발하게 작동하지만, 신경계의 흐름이 원활하지 않을 경우 이런 회복력이 정상적인 기능을 수행하지 못하게 되어 굉장히 민감해지거나 더 큰 통증을 느끼게 된다.

예를 들어 신경계의 문제로 통증 정도가 심해지는 경우를 살펴보자. 통증을 수치로 나타 통증 강도와 단계를 구분한 '통증지수(VAS)'라는 것이 있다.

여기서의 수치로 보면 주사 맞을 때의 일시적 따끔함 정도는 3점, 심한 통증의 대명사로 꼽히는 출산(초산)의 고통은 7.5점이다. 그런데 일상생활이 불가능할 정도로 극심한 8점 이상의 희귀·난치성 통증이 존재한다. 바로 '신경병증 통증(Neuropathic pain)'이다.

이 신경병증 통증은 말초신경계 및 중추신경계 손상이나 신경 전달 체계 이상 때문에 생겨나는 질환으로 강하게 찌르는 듯한 통증, 화끈거림, 감각저하, 무감각, 심지어 칼로 쑤시고 베는 듯한 일반 통증을 훨씬 넘어서는 통증을 가져온다.

이 신경병증성 통증은 신경계의 이상으로 생겨나는 만성 난치성 통증으로 일단 발병하면 정상적인 생활이 불가능할 정도라고 한다. 국내에서는 정확한 통계가 없지만, 미국에서는 전체 인구의 7%인 약 2600만 명의 환자가 있다.

가장 먼저 아주 옛날, 약물이나 수술이 아닌 자연회복력에 의지해 환자를 치료했던 히포크라테스는 손을 사용하여 병을 낫게 한 바 있다. 신경계가 인체를 조절하고 관리하는 가장 중요한 시스템이라는 점이 19세기에 밝혀지면서 신경과 통증에 대한 놀라운 진화가 이루어졌다.

즉 굳이 수술 도구를 사용하지 않아도 다양한 신경 자극과 회복만으로도 신경 난치병을 해결할 수 있다는 이론이 동의를 얻게 된 것이다.

한 예로 미국의 유명한 잡지「세터데이 리뷰(Saturday Review)」의 편집장이자 기자인 노만 커즌스(Norman Cousins)의 사례를 보자. 그는 뼈의 연골이 굳어가는 병인 강직성 척수염이라는 희귀한 관절염 환자였고, 관절 마디마디에 염증이 생겨 손가락 하나도 굽히지 못하는 상태였다. 물론 치료 방법도 없었다.

그러던 어느 날 그는 웃음요법이라는 것을 배워 매일 같이 폭소를 자아내는 각종 코미디 영화를 보며 배꼽을 잡고 웃었다. 그런데 어떤 수술도 없이 그의 몸에 놀라운 변화가 일어났다.

진통제나 수면제를 먹지 않으면 도저히 아프고 두려워서 깊은 잠을 잘 수 없었던 상황에서 차츰 통증이 사라지고 수면 시간도 늘어난 것이다. 그리고 8일 후에는 엄지손가락을 움직일 수 있게 되었거고, 마침내 500명 중 1명이 낫는다는 그 난치병에서 벗어날 수 있었다.

* 웃음은 면역력을 높이는 최고의 강장제다

미국 캘리포니아 주 로마린다 의대의 리 보크 교수와 스텐리 교수는 웃음과 면역 체계에 대한 연구로 전세계 의학계에 비상한 관심을 불러일으킨 바 있다.

10명의 남자들에게 1시간짜리 코믹 비디오를 보여주고 전후로 혈액 속 면역체 증감을 살펴봤더니, 웃을 때 체내에서 병균을 막는 항체인 인터페론 감마 호르몬이 다량 분비되었다고 한다.

미국 펜실베이니아 대학 마틴 셀리즈맨 교수 역시 자신의 유명한 낙천가 연구에서 다음과 같은 연구 결과를 발표했다.

심장마비를 겪었던 96명에 대한 상세 조사 결과 비관적인 사람으로 분류된 16명 중 15명이 이미 사망한 반면, 낙천적인 16명은 5명만 죽은 것이다. 또한 그는 웃음 많은 낙천가 학생들의 경우 학업 성적이 더 높았고 스포츠 분야에

서도 두각을 보이며, 생명보험회사 생활 설계사의 경우에
도 낙천가 쪽이 훨씬 더 높은 수당을 올린다고 발표했다.

웃음이 의학적으로 입증된 효과는 다음과 같다.

▲ 뇌하수체에서 엔돌핀 등의 천연 진통제가 생성된다.
▲ 부신에서 통증과 신경통 같은 염증을 다스리는 화학물질이
  분비된다.
▲ 동맥이 이완돼 혈액순환이 잘 되고 혈압이 낮아진다.
▲ 암환자의 통증을 덜어준다.
▲ 심장박동 수를 높여 혈액순환을 돕고 몸 근육에 영향을
  미친다.

사실상 웃음이 면역력 증강에 효과가 있다는 것은 널리
알려진 사실이다. 웃음은 내장과 온몸 수백 가지 근육들을
움직이는데, 그럴 때 마약성 진통제인 모르핀의 2백 배 이
상의 효과가 있는 엔도르핀이 나오기 때문이다. 이는 혈액
내 백혈구의 일종인 자연살해세포인 NK(Natural Killer cell)
세포가 활성화돼 자연치유력이 증강하기 때문이다.

이는 웃음으로 촉발된 자율신경의 자연회복력이 외과적 수술 이상으로 통증을 완화하게 건강을 증진할 수 있음을 의미하며, 다시 말해 카이로프랙틱의 자율신경계 회복을 통한 자연치유력 증진이 실제적 효가를 가진다는 점을 증명하는 것이다.

4. 통증과 혈액

걸림과 통증을 없애는 찜질 요법 온찜질 만성적인 어깨 결림이나 허리 통증은 혈액순환이 제대로 이루어지지 않아 일어나는 현상이다.

혈류의 흐름이 나쁘면 혈관에 젖산을 비롯한 노폐물이 쌓이게 되고, 통증이 유발된다. 아픈 부위에 온찜질을 하면 몸에 열이 나면서 시원해지는 것도 이 막힌 혈류가 개선되어서다.

그러나 문제는 단순한 혈액의 흐름 문제를 넘어 혈액 자체의 오염이나 변형도 통증을 불러일으킬 수 있다는 점이다. 한 예로 우리 주변만 봐도 습관적이고 만성적인 두통에 시달리는 이들이 적지 않다.

처음에는 진통제 한두 알만으로도 효과를 볼 수 있지만, 이마저도 반복되면 소용이 없다. 혹시나 다른 문제가 있나 싶어 병원에서 CT나 MRI를 찍어 봐도 별다른 이상이 발견되지 않는다.

이럴 경우 대부분 스트레스성 두통으로 진단받고 약을 처방받지만 또다시 재발되는 경우가 많다. 그런데 고질적인 만성 두통을 앓고 있는 환자의 혈액을 생혈액 관찰기(FBO)로 관찰해보면 적혈구의 연전현상이 관찰되는 경우가 많다.

연전현상이란 적혈구가 동전 모양으로 고리를 만들어 뒤엉킨 현상으로 피가 끈끈하다는 것을 의미한다. 이처럼 적혈구가 연전 현상을 일으키는 데에는 여러 원인이 있지만 가장 큰 것은 식생활과 생활습관, 스트레스이다.

옛말에 만병일독(萬病一毒)이라는 말이 있다. 여기서 일독이란 바로 어혈(瘀血), 더러워진 피를 말한다. 즉 모든 병은 혈액이 오염되어서 생긴다는 뜻이다. 혈액은 끊임없이 우리 몸의 구석구석까지 생명을 유지하는데 필요한 영양소나 에너지 등을 혈관을 통하여 운반하고, 반대로 못쓰게 된

것은 폐나 신장을 통하여 몸 밖으로 내보내는 일을 한다.

그런데 현대인들의 음식 습관은 어떤가?

인체에 해로운 화학물질, 농약, 방부제, 호르몬제 등이 섞인 가공식품을 일상적으로 먹고, 흰쌀, 흰설탕, 흰소금 등 극도로 정제된 식품을 먹는다. 여기에다 항생제와 화학약품의 공해까지 겹치고 스트레스까지 더해지니 이런 세상에서 혈액이 깨끗한 사람이 과연 있을까?

또 하나, 피가 더러워지는 제일 큰 원인 가운데 하나는 스트레스다.

요즘 사람들은 거의 대부분이 대인관계나 직장생활에서의 마찰 등에 시달린다. 이런 심리적 스트레스 속에서 억압이나 분노, 지나친 슬픔이나 외로움 등에 부딪히면 극심한 충격을 받게 된다.

이때 스트레스가 혈액에 미치는 영향이 매우 크다. 혈액도 스트레스로 말미암아 긴장하기 때문이다.

예를 들어 화가 나서 얼굴이 붉어질 때 우리 몸에서는 아드레날린이 분비된다. 이때 우리 혈액은 흐름을 멈추는데 이런 상태가 오래가면 혈액이 정체되어 고이게 된다.

더불어 아드레날린이 많이 분비되면 싸우거나 달아나는

데 필요한 에너지원인 콜레스테롤이나 지방산이 혈액 속에 쌓여 끈적끈적해지게 된다.

또한 이처럼 피가 더러워지면 동맥경화나 고혈압, 뇌출혈이나 뇌혈전증, 협심증, 심근경색 외에 혈액이 제대로 흐르지 못해 몸의 장기와 근골격에 탈이 나 어깨결림, 두통, 생리통, 요통 등 만성 통증의 원인이 된다. 게다가 요즘에는 스트레스를 참고 살아야 하는 상황이 많으므로 혈액은 더 오염될 수밖에 없다.

따라서 건강을 지키고 몸에 활력을 얻으려면 혈액을 정화하는 일이 반드시 필요하다.

실제로 다양한 방법으로 혈액의 연전 상태를 풀어주고 피를 맑게 하면 두통과 어깨 결림 등이 개선된다.

또한 이후에도 잘못된 생활습관을 바로 잡아 혈액의 연전 현상을 방지하면 두통이나 어깨 결림이 줄어들게 되는 것도 바로 이 때문이다.

5. 통증과 근골격계 손상

근골격계의 손상은 매우 흔하게 발생하는 통증의 원인이다. 많은 사람들이 일을 하거나 운동을 하다가, 일상생활을 하다가 근육, 뼈, 관절에 손상을 입는다.

또는 노화에 따라 자연스레 나타나는 손상도 존재한다. 근골격계 손상의 기본적인 형태는 골절, 탈구, 염좌, 좌상으로 각각 손상된 조직과 원인이 다르며, 염증으로 인한 통증도 주요한 근골격계 손상이다.

1) 골절

골절은 골의 연속성이 소실된 상태, 즉 뼈가 부러지거나 파괴된 상태를 뜻한다. 일반적으로 물리적 힘에 의해 발생되며 개방성 골절과 폐쇄성 골절로 분류된다.

개방성 골절이란 골 조직을 덮은 피부까지 손상된 경우로 폐쇄성 골절에 비해 출혈이 크고 뼈가 외부로 노출되어 골절 부위에 감염이 생길 수 있다. 물리적 외상을 입은 뒤 근골격의 동통을 호소한다면 골절을 의심해야 한다.

2) 탈구

탈구란 관절 속에서 뼈가 정상 위치를 이탈하거나 분리된 상태를 의미한다. 탈구가 되면 인대나 관절낭에 손상이 생겨 관절운동이 제한되며 심한 동통이 유발된다.

관절 중에서 가장 탈구가 잘 일어나는 곳으로는 수지관절, 견관절, 주관절, 고관절 등이 있다. 탈구가 생기면 골절이 동시에 진행될 수 있고 신경 혈관 등 주변 조직도 손상될 수 있다.

3) 염좌

염좌란 직간접적으로 외부의 힘이 작용해 관절이 정상 운동 범위를 넘어 비틀리거나 당겨져 관절을 지지해주는 관절낭과 인대가 늘어나거나 찢어지는 경우를 말한다.

경미한 손상부터 심한 손상까지 다양하게 나타난다. 염좌가 심할 경우 탈구와 골절을 동반하기도 한다.

다만 인대가 늘어난 정도의 가벼운 염좌는 통증이 길지 않아 다시 정상적인 운동을 할 수 있지만, 적절한 치료를 하지 않으면 다시 다칠 수 있다.

4) 좌상

좌상은 근육이나 건섬유가 비정상적으로 늘어나거나 찢어진 상태를 뜻한다. 건섬유는 매우 튼튼해서 건섬유 자체보다는 근육이나 근육의 연결부위에서 주로 발생한다.

갑자기 몸을 펴거나 근육을 너무 심하게 사용할 때 발생한다. 특히 목이나 등의 좌상은 심한 통증을 동반하므로 몸을 움직이기가 어려워진다.

5) 염증

흔히 뼈와 뼈가 만나는 부위인 관절에서 잘 발생한다.

뼈와 뼈 사이가 부드럽게 운동할 수 있도록 구성된 연골, 관절낭, 활막, 인대, 힘줄, 근육 등에 여러 가지 원인으로 염증이 생기는 것인데, 대표적으로 골관절염, 류마티스관절염, 척추관절병증, 강직성 척추염, 건선관절염, 통풍, 세균성 관절염, 소아기 류마티스관절염, 루푸스, 경피증, 다발성 경화증, 섬유근통, 다발성근염, 피부근염 등이 있다.

단순히 다친 것이 아니라 염증이 생겨 붓거나 열감이 동반된다면, 급성인지 만성인지, 관절 자체가 문제인지 관절 주변이 문제인지 등을 파악해 원인을 알고 치료해야 한다.

*근골격계의 손상 시 지켜야 할 수칙들

1) 충분한 휴식을 취한다

통증이 유발되는 모든 움직임과 운동을 피하고 가장 편안한 자세를 취한다.

2) 손상 형태에 따라 얼음찜질과 온찜질을 한다

냉.온 찜질은 관절염으로 인한 통증과 경직을 줄이는데 유용하다. 폐쇄성 골절, 탈구, 염좌, 좌상 등의 손상에는 얼음찜질을 하면 부기와 불편감을 감소시킬 수 있다.

또한 류머티즘관절염엔 냉찜질을, 퇴행성관절염에는 온찜질을 한다.

3) 딱딱한 침대에서 자되, 가볍고 따뜻한 이불을 덮고 숙면을 취한다

잘 자는 것도 근골격계 손상 치료에 도움이 된다.

예를 들어 숙면을 취하지 못하게 되면 스트레스가 쌓이는데, 스트레스는 근골격계의 고통을 증가시킬 뿐 아니라 합병증의 원인이 되기도 한다.

4) 더위, 추위, 습기 등에 세심한 주의를 기울인다

손상된 근골격계는 경직과 이완에 민감한 만큼 너무 덥거나 추운 곳, 습도가 높은 곳에서 오래 있는 것은 좋지 않다.

5) 몸에 편한 의류와 신발을 착용한다

근골격계가 손상되어 움직임이 불편할 때는 가볍고 입고 벗기 편한 옷이 좋다. 신발은 굽이 높지 않고 바닥이 두꺼운 것이 좋다.

6) 비만은 근육과 관절에 부담을 주므로 과식하지 않는다

비만은 체중을 증가시켜 관절과 근육에 더 큰 무리를 가할 수 있으므로 근골격 손상을 입었을 때는 과식으로 인한 비만을 특히 주의해야 한다.

7) 근골격과 관절을 튼튼히 해주는 다양한 음식을 꾸준히
   섭취한다

음식물이 우리 몸에 미치는 영향을 지대하다. 근골격과 관절도 마찬가지다. 통증과 염증을 가라앉히는 음식 위주로 먹고, 근본적으로 근골격과 관절을 튼튼히 하는 기능식품을 따로 복용해도 좋다.

6. 통증과 마음

많은 환자들이 만성 통증 때문에 병원 진료실을 찾는다. 하지만 대부분의 병원은 그럴 때 "이상이 없다", "약간의 이상은 있지만 그것 때문에 그렇게 아플 리 없다"는 말만 반복하게 마련이다.

그러다가 급기야 "아무래도 정신적인 문제인 것 같으니 정신과로 가라"는 권고를 받기도 한다. 그럴 때 환자는 생각한다.

'아파 죽겠는데, 틀림없이 문제가 있는 건데 정신과로 가라니?'

사실 이것은 요즘 들어 흔히 벌어지는 풍경이다. 신체적 통증으로 해결할 수 없는 심인성 통증이라는 것이 분명히 존재하기 때문이다.

통증(pain)은 '형벌'이라는 뜻을 가진 라틴어 'poena'에서 시작되었다. 그래서 옛날 작가들은 통증이라는 말을 고뇌로 쓰기도 했다. 그러다가 17세기에 들어 마음과 몸을 이분법으로 나눈 철학자 데카르트가 등장하면서부터 통증은 신체적 병리로 인한 증후라는 의미로 사용되기 시작됐다.

그리고 이후 프로이트가 심리적인 요인으로도 통증이 발생할 수 있다는 근거를 제시하면서 심인성 통증이라는 말도 생겨났다.

그런데 중요한 것은 마음과 몸, 그리고 심인성 통증과 신체적 통증은 결코 둘로 나뉠 수 없다는 점이다. 실제로 모든 만성 통증은 다분히 신경성이다.

신체적인 원인에 의해서 시작된 통증이 오래되면서 뇌신경 등의 신경계이 민감해져 심하지 않은 통증에도 심한 고통을 느끼고, 심지어 원인이 해결된 후에도 통증이 멈추지 않는 것이다.

다시 말해 정신과로 가라는 말은 주요 장기 자체에는 이상이 없으니 신경계에 문제가 있다는 뜻이다. 이 경우는 '기능성 통증'이나 '신경성 감각 이상'이라 부르지만 아직은 특정 검사를 통해서 측정할 만한 기술이 없는 상황이다.

이처럼 만성 통증의 경우 대부분은 반드시 정신적·심리적 연관성이 존재한다.

설사 통증의 직접적인 원인이 되지는 않았을지라도 대인관계, 경제적 문제 등의 정신적 스트레스가 증상을 악화시키거나 호전을 방해하는 한 요인이 되기 때문이다.

게다가 오래 통증으로 고생하다 보니 자연스레 생긴 우울증상이나 불안증상까지 나타난다. 더 나아가 과거의 상실이나 상처, 죄책감, 표출되지 않은 공격적인 충동 등이 만성 통증의 밑바탕에 있는 경우도 적지 않다.

다시 말해 원인이 불분명한 만성통증을 해결하려면 그 마음 밑바닥을 이해해야 한다.

결국 '마음과 몸'은 별개가 아니다. 마음이 아픈 사람은 몸도 아프고, 몸이 아픈 사람은 마음도 아픈 것인 만큼 심리적 치유를 통해 자신의 통증을 이해하려는 노력이 반드시 필요하다.

3장 내 몸을 살리는 영양 통증클리닉

1. 요통과 신경통에 좋은 솔잎 치유법

*동의보감이 인정한 명약

솔잎은 독특한 향기뿐만 아니라 풍부한 영양까지 갖춘 신선의 음식으로 오래전부터 만병통치약으로 여겨져왔다. 솔잎의 주요 구성 성분은 향을 내는 휘발 성분인 '테레빈유'와 떫은맛을 내는 '타닌'이다.

테레빈유는 불포화지방산을 많이 함유한 성분으로서 콜레스테롤 수치를 낮춰 동맥경화를 방지한다. 또한 말초 혈관을 확장시켜 혈액의 순환을 촉진시키고 호르몬 분비를 높이는 등 고혈압과 심근경색 등 성인병의 증상에 효과가 있다고 알려져 있다.

신경을 안정시키고 감기 예방과 치료에도 도움이 된다.

타닌은 위의 운동을 활발히 도와 식욕을 촉진시키고 위의 점막을 보호한다. 또한 장의 긴장도를 낮춰 신경성 변비에도 좋다.

뿐만 아니라 솔잎은 노화와 암을 예방하는 베타카로틴, 각종 미네랄과 비타민 성분이 다량 함유되어 있고, 당뇨병 혈당 수치를 낮춰주는 글리코키닌, 빈혈에 좋은 철분, 모세혈관을 튼튼하게 해주는 루틴 등 몸에 이로운 각종 성분들이 다량 포함되어 있다.

실제로 솔잎은 동의보감에서 효능을 인정받으며 명약 중의 명약으로 추앙받았다.

머리를 나게 하고, 추위와 배고픔을 이기게 해서 수명을 연장시킨다고 적혀 있으며, 실제로도 우리 조상들은 이 솔잎을 곁에 두고 건강을 지켜왔다. 또한 지금은 다양한 가공 기술의 진화로 먹거리뿐만 아니라, 솔잎 다이어트, 솔잎 화장품 등 쓰임새가 넓어지고 있다.

*솔잎의 통증 치유 효과

솔잎은 오래 전부터 요통과 신경통에 이용되어 왔는데, 특히 솔잎주는 통증을 완화시켜 주는 역할을 한다. 술 0.5

리터에 신선한 솔잎 150~200g을 넣고 밀봉해 2주일 뒤 술만 따라 식사 전에 한 번씩, 하루에 세 번 음용한다. 또한 솔잎 우려낸 물에 목욕을 하면 피부가 매끄러워지는 것은 물론, 신경통, 요통, 류마티스성 관절염에 효과적이며 심장을 튼튼하게 해준다.

또한 집안일을 하는 주부들처럼 디스크나 그 밖의 뚜렷한 병이 아닌데 허리가 아픈 증상이 나타날 때는 민간요법으로 솔잎 찜질을 해도 좋다. 솔잎을 살짝 삶아 찧거나 그대로 찧어 얇은 면보자기에 싸서 따뜻하게 데운 다음 아픈 허리에 찜질을 하면 된다.

*좋은 솔잎 고르는 법

솔잎 요법에 적합한 솔잎은 적송(홍송)과 흑송(해송)등 재래종 조선솔이다. 이중에서도 비옥한 땅에서 무성하게 자란 윤기가 있는 솔잎이 좋다.

반드시 먼지나 공해가 없는 깊은 산 속에서 자란 것이어야 하며, 해충 방지를 목적으로 약물 주사를 놓은 소나무는 피해야 한다.

2. 관절 통증에 좋은 홍화씨 치유법

토종 홍화는 삼국시대에 붉은색 염색용으로 키우기 시작하다가 홍화가 어혈을 푸는 데 효능이 있다는 것이 밝혀지면서 어혈제로 쓰였다.

이때도 홍화씨는 그 효능이 밝혀지지 않다가 구한말에 인산 선생이 홍화씨를 접골제와 명약으로 소개하면서부터 먹게 되었다. 최근에는 성인 남성들뿐 아니라 다이어트, 골다공증, 산후 붓기 제거 등 여성들에게 인기가 좋은데, 성장하는 어린이에게도 매우 좋은 남녀노소 부담 없이 먹을 수 있는 약재다.

골다공증, 교통사고 후유증, 골절, 노인성 뼈 질환, 퇴행성관절염, 허리병 등에 효과가 좋은데 그 이유는 홍화씨에 들어 있는 특수 성분, 백금 화합물 때문이다.

잘 알려져 있다시피 홍화씨에는 미량의 백금이 인과 규소 속에 녹아 있다고 한다. 실제로 홍화씨 껍질의 흰 빛깔도 백금의 흰 빛깔을 닮았다.

백금은 장신구와 장식품 또는 공업용 외에도 항암제의 원료로도 중요시되고 있다. 그리고 홍화씨에 들어 있는 백금은 금속과 달리 독성 없이 항암 작용이 뛰어나고 골절과 골다공증을 치료하며 사람의 수명을 늘리는 등 놀라운 약성을 지니고 있다.

* 홍화씨의 통증 치유 효과
홍화씨는 뼈 관절 계통의 질환 및 혈액 순환 계통의 질환에 효험이 있다고 알려져 있다.

1) 골절, 파골, 쇄골, 장기간 접골이 어려운 상황
2) 퇴행성관절염, 골수염
3) 뼈가 약하고 발육이 부진한 어린이
4) 목과 허리가 뻐근하고 팔다리가 저린 증상
5) 관절에서 딱딱 소리가 나는 증상
6) 산후 회복, 생리불순, 생리통
7) 허리와 무릎이 아픈 증상, 신경통,
8) 골다공증, 요통, 디스크, 엉덩이가 당기는 증상
9) 교통사고 후

홍화씨를 복용하는 방법은 뼈에 타박상을 입었거나 수술

한 경우에는 깨끗이 씻은 다음 물기를 빼서 기름기 없는 프라이팬에 볶은 뒤 가루를 내어 저녁 식사 후 한 수저씩 먹는다.

골다공증이나 관절염 등의 경우는 우슬을 함께 끓인 홍화씨 물을 수시로 마시고 홍화씨 환이나 가루를 함께 복용한다.

* 좋은 홍화씨 고르는 법

지금 우리나라에 자라는 홍화씨는 크게 두 가지다. 외래종을 우리 땅에 심은 것과 토종을 잘 보존해서 키운 것이다. 토종은 가시가 너무 많아 키우기가 어려워 최근의 홍화씨는 대부분 외래종이고 토종은 10%로도 채 안 되는 상황이다.

토종 홍화씨는 비록 가격은 비싸지만 약효 면에서 월등하다. 또한 토종은 겨울의 추운 날씨를 이겨낸 만큼 강한 생명력을 가지고 있다.

3. 근육과 골격을 강하게 하는 두충

한방에서는 인체의 근육을 관리하는 장기는 간장, 신장은 뼈를 관리한다고 생각했다. 따라서 간장병, 신장병의 보약으로서 요통, 근육통에 효과를 발휘하는 두충을 꼽았다. 간장은 인간의 생기(生氣)가 발휘되는 곳으로서, 본초강목에서도 두충을 정기를 모으고 의지력을 강하게 한다고 쓰고 있다.

또한 두충은 이 두 간장과 신장에 작용하여 근육과 골격을 강건하게 만들어 불로장수의 약효가 있으며, 허약한 신체기관에 활력을 주고 심신을 상쾌하게 한다.

또한 일반적으로 정력과 기억력 감퇴, 간장, 심장, 고혈압에도 효과가 있다고 알려져 있다.

특히 혈압 강하 약의 부작용인 위장장애나 어지러움 증등의 부작용이 전혀 없어 고혈압 환자에게도 최상의 약으로 불린다.

* 두충의 통증 치유 효과

본초강목에서는 두충을 허리와 무릎의 통증 해소에 사용

하는 것으로 기록하면서 다음과 같은 일화를 소개하고 있다.

「어느 소년이 결혼을 한지 얼마 되지 않아 걸을 수 없는 병에 걸려 중국전역을 돌아다니며 치료를 했으나 병세가 호전되지 않았으나 명의로 알려 손림이 두충을 술로 달여 먹여 소년은 3일 만에 걸을 수 있게 됐다」

두충은 원래부터 허리와 무릎에 잘 듣는 약인 동시에 신경통, 관절염에도 좋은 효과가 있다.

또한 노화되어가는 골조직과 관절낭에 영양을 공급하고 퇴화를 방지해 퇴행성관절염에도 크게 도움이 된다. 그밖에 신경통, 요통 등에 유효하며 자궁이 약해서 생기는 습관성 유산에도 효과가 있다.

심지어 두충을 원료로 만든 '두충주' (杜沖酒)가 관절염 등 신경 계통 질병에 효과 있다는 것이 미국 FDA(식품의약국)에 의해 입증된 바 있다.

쉽게 복용할 수 있는 두충차를 만드는 법은 두충이나 두충 잎을 깨끗이 씻어 물기를 뺀 뒤 물을 넣고 약한 불로 은근히 달인 뒤 꿀을 약간 타서 마시면 된다.

두충은 수피가 튼튼하고 두껍고 조각이 크고, 내 표면에 자색이 나는 것이 좋은 상품이다. 박두충보다는 후두충을 사용해야 하며 후두충은 코르크층을 벗긴 것이 좋다. 두충을 손으로 잘라보면 실 같은 진이 나오는데, 이 거미줄처럼 늘어나는 진이 많아야 좋은 두충이다.

4. 내 몸의 면역을 높여주는 다양한 약재들

♣ 백년초

백년초는 제주도에서 자생하는 손바닥 선인장 열매로서 옛날부터 백 가지 병을 고친다는 설과 이 열매를 먹으면 백년을 산다는 설로 백년초라 불린다.

예로부터 해열진정, 기관지 천식, 소화불량, 위경련, 변비, 가슴 통증, 혈액 순환, 위장병, 뒷목 결리는 증상, 비염에 약재로 사용되어 왔다.

비타민 C가 알로에보다 5배나 많고 칼슘과 식이섬유도 다량 포함되어 있다.

근래에 페놀과 플라보노이드 성분이 고혈압, 암 억제, 노화억제 효과 등이 있는 것으로 밝혀졌다.

♣ 목과

목과는 성질이 따뜻하고 독이 없으며 맛은 시다. 신맛과 따뜻한 성질은 비장을 활성화시켜 설사 부종을 치료하며, 간장에 작용할 때는 근육을 돋우는 작용을 한다. 허리와 다리 관절이 무겁고 통증이 있을 때, 다리가 잘 부을 때 사용한다.

♣ 독활

독활은 땅두릅이라는 식물의 한방명으로 뼈마디가 아픈 증상을 덜어준다. 흔히 독감으로 인한 전신 통증·오한·발열에 좋다. 잘 말린 독활 2~4g을 물에 우려내 먹으면 독감 예방은 물론 독감 증상 완화에 유익하다.

♣ 구절초

구절초는 민간요법에 많이 사용하는 약재로 산비탈에서 흔히 발견할 수 있다. 향이 좋아서 말려서 베갯속으로도 사용하고 세균 번식을 억제하는 방향물질이 있다.

늦가을 서리가 내릴 무렵에 피는 꽃을 따서 술을 담그기도 하며, 향기가 좋아 향수나 화장품의 원료로도 쓰인다. 전초와 꽃 이삭이 해열, 폐렴, 기관지염, 기침, 감기, 인후염증, 방광질병, 무 월경, 고혈압 치료 등에 쓰이는데, 의약품이 발달하지 않은 예전에는 상처가 나면 구절초를 짓찧어 붙이기도 했다.

* 통증 원인에 따른 한의학적 처방은 무엇이 있나요?

통증의 원인	한의학적 처방
근골 손상	솔잎, 홍화씨, 두충
어혈	당귀, 천궁
수독	백출, 목과, 구기자
염증	독활, 금은화, 원지
신경 전달 이상	각종 아미노산

♣ 산수유

산수유나무 열매로 늦가을 초겨울에 홍색이 되면 끓는 물에 약하게 삶아 씨를 제거해 마린다. 맛이 시고 성질이 약간 따뜻해 간장과 신장에 작용한다.

신맛이 간장과 신장의 기운을 돋워 허리와 무릎이 아픈 증상, 발기부전을 치료하며 간과 신이 허약해질 때 생기는 근골 허약증을 치료한다.

♣ 구기자

구기차는 무병장수의 신선차로 알려져 있다. 잎과 열매를 말렸다가 다려서 먹는데 옛날부터 강장제로 손꼽혔다. 오장의 나쁜 기운을 제거해 소갈과 전신마비, 풍습(風濕)을 다스리며 오래 먹으면 근골이 튼튼해지고 몸이 가볍고 늙지 않으며 추위와 더위를 이긴다고 한다.

또한 정기(精氣)를 보충해주고 안색을 좋게 하며 흰머리를 막고 눈도 맑게 하며 신경을 안정시켜 준다. 구기자 술은 폐결핵, 신장, 간장병에 좋고 토혈, 각혈에도 좋다.

♣ 율무

율무는 쌀보다 우수한 단백질과 지방이 다량 함유되어 있고 칼슘과 철분도 들어 있는 건강식이다.

특히 아미노산이 많아 신진대사를 도와주고 피로회복,

자양강장에 좋다. 위암, 자궁암, 유방암, 식도암, 폐암, 후두암, 신장암, 방광암, 전립선암 등 거의 모든 암에 효과가 있고 위를 순화하고 장과 폐를 맑게 하고 담을 제거해 풍수병을 없앤다.

장기 복용하면 혈기가 좋아지고 몸이 가벼워진다. 특히 여성의 피부질환과 신경통에도 효과를 볼 수 있다.

♣ 천궁

미나리과의 여러해살이풀로 중국이 원산지다. 맛은 맵고 성질은 따뜻하며, 한방에서는 뿌리와 줄기를 진정, 진통, 강장에 사용한다. 두통, 빈혈증, 부인병 등에 널리 이용되고 방향성이 있어 좀을 예방하기 위해 옷장에 넣어 두기도 한다.

4장 통증클리닉을 통해 건강을 찾은 사람들

성 명 : 손권상(남)
나 이 : 62세
주 소 : 경기도 남양주시 와부읍

저는 1998년 처음으로 뇌경색이 와서 쓰러졌습니다. 그러나 불행은 멈추지 않았습니다. 이후 병원에서 계속 치료를 받았지만, 통원치료 도중 2003년 1월 또다시 뇌경색이 재발한 것입니다.

당시 제 상태는 너무 심각했습니다. 45일 동안 입을 벙긋하는 것도 힘들어서 3개월을 꼼짝 못하고 병원에 입원해 온갖 통증에 시달리면서 언어치료까지 받아야 했습니다. 그후로도 병원에서 처방해준 약을 먹으며 반송장처럼 지냈습니다.

그러던 어느 날 통증클리닉 제품을 알게 되었습니다. 아시는 분이 이 제품을 먹고 몸의 온갖 통증들이 덜해졌다는 말을 들은 것입니다.

뇌경색도 뇌경색이지만 그 즈음 나타나기 시작한 온몸의 저림과 두통, 관절통 등에 괴로웠던 차에 결국 저도 통증클리닉 제품을 섭취하게 되었습니다. 반신반의하며 처음 섭취했을 때는 아무 느낌도 없었습니다. 그런데 3일쯤 지났을까요?

첫 반응이 오기 시작했습니다. 무엇보다도 기분이 좋아지고 발에서 땀이 나기 시작했습니다. 그동안 저는 발이 갈라져 피가 날정도로 차갑고 건조했습니다. 그런데 통증클리닉 제품을 섭취한 뒤부터 갈라졌던 발이 따뜻해지고 촉촉해지는 게 아니겠습니까? 신기하고 기분이 좋아, 이렇게 좋은 제품이 있다는 것에 다시 한 번 놀라고 말았습니다.

뿐만 아니라 고질병이었던 관절 통증도 조금씩 둔해지기 시작했습니다. 혈색이 없어서 아는 분들로부터 어디 아프냐는 소리를 많이 들었는데 지금은 혈액 순환이 잘되어 얼굴이 선홍빛이 나며 환하게 보입니다. 대체 무슨 좋은 일이 있었냐고 인사받기 바쁠 정도입니다.

또한 이런 저런 고민과 통증으로 밤잠 설치는 날이 많았는데 통증클리닉 제품을 섭취 후에는 편하게 깊은 잠을 잘 수 있어 너무 행복합니다.

이렇게 좋은 제품을 나 혼자만 먹을 게 아니라 저처럼 고통 받고 힘든 분들에게 진심으로 권유하고 싶어 체험사례를 남깁니다.

성 명 : 방병혁(남)
나 이 : 75세
주 소 : 서울시 영등포구 대림3동

저는 통증클리닉 제품을 10월 5일부터 2주간 섭취했습니다. 그간 느낀 체험을 간단히 적어보려 합니다.

1. 아침에 기상할 때 등허리에 뻐근한 것이 다소 줄어든 느낌입니다. 무릎을 구부릴 때 약간 아팠는데 아픈 정도가 줄어든 느낌입니다.

2. 평소에 일주일에 한 번 꼴로 장딴지에서 쥐가 났는데 통증클리닉 제품을 먹는 동안에 그런 통증 경련이 없었습니다.

3. 허리가 약하고 가끔 통증이 있었는데 통증이 완화되었습니다

성　명 : 이형주(남)
나　이 : 66세
주　소 : 경기 안양 동안

저는 젊은 시절 높은 곳에서 떨어져 엉덩이뼈를 크게 다친 경험이 있습니다. 그때 다친 상처로 평생 그 후유증을 안고 살아가고 있습니다.

예를 들어 1년에 한두 번은 무심코 무거운 것을 들다가 삐긋해서는 그때마다 파스와 열 찜질 등으로 가라앉히며 보름 정도는 8자 걸음을 걸어야 할 정도입니다.

지난 한여름에도 어쩌다가 다시 엉덩이뼈의 통증이 도졌는데 나이 탓인지 5개월이 지나도 통증이 멎지를 않았습니다. 특히 잠자리에 들 때면 뭐라 표현할 수 없는 고통으로 도저히 편하게 눈을 감을 수 없을 지경이었습니다.

그러면 간신히 일어나 엉덩이 부근에 건강 증진기(탁구 공모양 지압기)로 지압을 해야만 간신히 잠이 드는 생활의 연속이었습니다.

결국 저는 인덕원 S-마취 통증 병원을 찾아 X-레이 등의 치료를 받고 상담을 신청했습니다. 그런데 결과는 큰 이상이 없다는 것입니다.

딱히 잡히는 것이 없으니 불안하기만 했습니다.

그러다가 문득 지인으로부터 소개받은 통증클리닉 제품이 생각났습니다. 설마 하고 계속 미루고 있었는데 치료받는 기회에 먹어야겠다 싶어 신청을 했지요.

그렇게 통증클리닉 제품을 고작 5일 섭취했을 때였습니다. 놀랍게도 아픈 것이 조금씩 가라앉는 게 아니겠습니까?

그 후 저는 통증클리닉 제품을 3주간 더 먹었고 이후 평소처럼 러닝까지 할 수 있는 수준으로 회복되었습니다.

처음에 설명을 들었을 때는 한번 먹어보지 하는 심정이었는데 막상 이런 효과를 보니 놀라지 않을 수 없었습니다.

만성 통증으로 고통 받는 수많은 분들이 제 체험담을 진지하게 고려해 꼭 한번 통증클리닉 제품을 체험하셨으면 하는 바람입니다.

아프신 분들이 부디 이 제품으로 건강을 회복하시길 진심으로 바랍니다.

끝으로 이런 귀한 제품을 개발해주신 한국생명과학연구

원 여러 교수님들, 박사님들께 감사의 말씀을 드립니다.

성 명 : 고수봉(남)
나 이 : 66세
주 소 : 대전시 서구 내동

3개월 전부터 위와 가슴 밑 배가 기분 나쁘게 아프면서 허리 중심 부위가 화끈거리기 시작했습니다. 잠자리에 누울 때도 허리와 발을 쭉 뻗지 못하고 이쪽저쪽 뒤척거리다 반듯이 누워 자곤 했지요.

저는 누구에게 선뜻 말을 못하고 혹시 암이 아닌가 하고 은근히 걱정만 할 뿐이었습니다. 그러던 중 썬리치에서 연구 개발했다는 통증클리닉 제품을 소개받았습니다. 먼저 체험을 해보고 난 뒤 구매하라고 하시기에 일정 분량을 그냥 얻을 수 있었습니다.

처음에는 별 생각 없이 먹었는데 아침에 30알 저녁에 30알씩 4일을 먹고 회사에 출근하다가 몸 상태가 점점 나아지는 걸 느꼈습니다. 무엇보다 몸이 덜 무겁고 허리 아픈 것이 사라진 게 아닙니까. 5일째 섭취했을 때는 아침에 일어나면 어깨가 뻐근하던 것도 사라졌습니다. 무슨 만병통치

약도 아닐 텐테 너무 신기해서 이 사업을 하시는 상무님과 서울로 가면서 이야기를 나누었습니다.

이후 본사의 세미나에 참석해서 교육을 받는데 사례 발표시간이 다가와 제가 겪은 일들을 빠지지 않고 전했습니다. 정말로 저는 통증클리닉 제품이 이렇게 신기한 효능을 가져다줄 줄은 몰랐습니다. 앞으로 저는 최소한 3개월은 꾸준히 섭취할 계획입니다.

이 기회에 이 지긋지긋한 통증을 완전히 완치시키려고 합니다. 이 제품을 만들어주신 모든 분들께 진심으로 감사드립니다.

성   명 : 김옥희(여)
나   이 : 63세
주   소 : 서울 중랑구 중화3동

통증클리닉 제품을 만들어주신 분들에게 일단 감사의 말씀을 먼저 드립니다.

저는 통증클리닉 제품을 먹기 전까지만 해도 두통과 어지럼증과 다리와 발가락 마비되는 증상이 심했습니다. 하지만 통증클리닉 제품을 만난 뒤 이 증상들의 많은 부분이 호전되었음을 말씀드립니다.

일단 오전에 통증클리닉 제품을 먹고 오후 3시가 지나면 머리의 가벼운 통증이 가시기 시작했습니다. 통증클리닉 제품을 3일간 섭취하고 나자 어지러운 증세도 처음보다는 가벼워졌고 추석 동안 너무 바빠 움직이느라 제대로 챙겨 먹지 못했음에도 재발이 없었습니다.

다시 추석 휴가가 끝나고 통증클리닉 제품을 먹기 시작했는데, 지금은 어지럼 증세도 좋아졌고 다리의 쑤시던 통증도 많이 가라앉았았습니다.

15일 동안 제가 꾸준히 먹어본 통증클리닉 제품을 공부하는 학생부터 노인에 이르기까지 자부심을 가지고 권하고 싶습니다.

성　명 : 김용성(남)
나　이 : 66세
주　소 : 대전시 서구 도마동

저는 대전 센터에서 통증클리닉 제품 사업을 하고 있는 김용성입니다.

지난번에 통증클리닉 제품 테스트를 하기 위해 오후에

먹고 잔 적이 있습니다.

그런데 반응이 이상했습니다. 온몸이 쑤시는 것처럼 너무 아팠습니다.

하지만 저는 놀라지 않았습니다. 좋은 제품일수록 명현 반응이 빨리 온다는 것을 알아서였습니다. 한 번 먹고 명현 반응이 이렇게 확실하다면 좋은 제품일 것이라는 확신을 가지고 시간을 지켜 계속해서 먹었습니다.

참고로 저는 오래전 교통사고를 당했습니다. 사고 때 부러진 다리가 세월이 지나면서 혈액순환이 잘되지 않아 가끔 허리에서부터 기분 나쁘게 저려올 때가 있습니다.

최근 저는 하루도 거르지 않고 도보로 걸어서 아침 출근을 합니다. 통증클리닉 제품을 7일 정도 먹고 나자 1시간 30분 정도를 걸어도 피곤하기는커녕 벌써 다 왔나 혼자 중얼거릴 정도입니다.

뿐만 아니라 뻣뻣했던 뒷목도 부드러워지고 머리가 개운하면서 눈앞도 시원합니다. 또한 대장 운동도 너무 활발해서 아침마다 화장실 가는 일이 즐거울 정도입니다. 게다가 요즘은 30대 청년처럼 집 옥상에서 태권도도 합니다.

지금 저는 온몸이 너무 가볍고 날아갈 것 같습니다. 저만 그런 것이 아니고 대전 사업장에서는 다들 좋다고 떠들썩합니다. 건강해야만 사업도 잘되게 마련입니다. 통증클리닉 제품을 만들어 주신 개발자 이하 연구진들께 깊은 마음으로 감사드립니다.

앞으로 통증클리닉 제품이 가장 자랑할 만한 훌륭한 제품이 되지 않을까 생각합니다.

성　명 : 김평식(여)
나　이 : 59세
주　소 : 경기도 광명시 광명2동

저는 5년 전에 당뇨가 생겼습니다. 몸에 큰 이상은 없었으므로 약은 복용하지 않았습니다. 그런데 갈수록 아픈 곳이 늘어났습니다. 일단 발이 차고 발바닥이 저리고 통증이 왔습니다.

저는 올 것이 왔구나 하고 작년 무렵부터 당뇨 약을 복용했습니다. 하지만 약을 먹어도 통증은 사라지지 않았습니다. 어떻게 하나, 이제 무슨 약을 먹어야 하나 고민할 때 통증클리닉 제품을 만났습니다.

처음 이틀 정도는 별 반응이 없었습니다. 그런데 한 5일

정도 되었을 때 우연히 발을 만졌는데 발이 따뜻하고 발바닥에 통증이 없다는 것을 깨달았습니다. 정말로 뛸 듯이 기뻤습니다. 지금은 발가락 통증만 조금 있을 뿐 전반적으로 훨씬 나아진 상태입니다. 당뇨가 있으신 분이나 발바닥, 발에 통증이 있으신 분께 꼭 통증클리닉 제품을 권해드리고 싶습니다.

성　명 : 배준우(남)
나　이 : 59세
주　소 : 안양시 동안구 귀인동

저는 어린 중학교 시절 평행봉을 하던 중 실수로 떨어져 가슴에 큰 타박상을 입었습니다. 아직도 눈을 감으면 당시 숨을 쉴 수 없을 정도로 심했던 고통이 떠오릅니다. 대체 무엇이 잘못되었는지 그 이후로는 빨리 뛰거나 힘든 일을 할 때마다 가슴이 뻐근해서 항상 어려움을 겪고, 특히 새벽에는 숨쉬기가 어려웠습니다.

그런데 이상하게도 작년 6월경 안양 평촌에 위치한 한림대 성심병원에서 가슴만 특별히 검사를 했는데도 아무 원인이 발견되지 않았습니다. 병원에서는 정상이라는 말만 반복했지요. 그러던 차 통증클리닉 제품을 3일간 체험하고 난 후 나도 모르는 사이 놀라운 일이 일어났습니다. 가슴 뻐근한 통증이 점점 사라지기 시작한 것입니다. 너무 놀라서 식구들을 다 깨워 크게 숨 쉬는 모습까지 보여줄 정도였습니다.

이제 저는 고질적이던 가슴 통증을 극복하고 나날이 기분 좋고 몸 편히 지내고 있습니다. 다른 부분들도 조금씩 나아져 이제는 피곤한 줄 모르고 지냅니다.

통증으로 고생하는 주위의 모든 분들이 이 놀라운 제품을 꼭 한 번 체험해 고통으로부터 해방되길 진심으로 바랍니다. 제품을 연구 개발해주신 생명과학연구원 박사님들께 감사의 말씀을 드리고 싶습니다. 감사합니다.

성　명 : 김순이(여)
나　이 : 55세
주 소 : 안양시 동안구 호계동

저는 태어날 때부터 종합병원이라고 불릴 정도로 온갖 병을 앓았습니다.

그 중에서도 신경성 위장병은 지금까지도 제게 가장 큰

고통입니다. 안 먹으면 속이 쓰리고, 먹으면 헛배가 부르고, 조금만 신경 쓰면 잠도 못자고 갑자기 현기증이 나서 쓰러지고, 아침에는 몸이 너무 아파서 일어나지 못할 정도였습니다. 언제나 비상으로 수지침을 들고 다니며 내 스스로 열손가락을 따지 않으면 살 수가 없을 정도였습니다.

그러다가 처음에는 별 생각 없이 통증클리닉 제품을 먹었는데, 먹는 날부터 속이 너무 편하고 잠도 잘 자고 그렇게 마음이 편할 수가 없었습니다.

지금은 이런 상태가 많이 호전되어 더 이상 먹는 일에 불편함이 없습니다. 음식을 잘 먹을 수 있다는 것이 이렇게 큰 기쁨인 줄 몰랐습니다.

아침에 일찍 일어나 구수한 된장국에 밥을 먹을 수 있어서 정말이지 너무 행복합니다. 저처럼 위장병이나 작고 큰 통증으로 고통을 받는 모든 분들께 이 통증클리닉 제품을 전하고 싶습니다.

성　명 : 조계선(여)
나　이 : 55세
주　소 : 경기도 의왕시 청계동

저는 지난 20여 년 동안 지하상가에서 옷가게를 운영했습니다. 아시겠지만 지하상가는 나쁜 환경으로 유명합니다. 미세먼지 그리고 늘 물건을 팔면서 받는 스트레스 때문인지 40대 접어들면서 눈은 항상 심하게 충혈이 되고 무기력증과 함께 나른함과 권태감이 오기 시작했습니다.

게다가 무릎이 삐걱거리는 무릎관절 통증으로 15년째 고생을 하고 있었습니다.

계단을 오를 때는 무릎에서 소리가 나는 듯했고 급히 걸으면 찌르는 듯한 통증에 시달렸습니다.

그러다가 작년 2008년에는 너무 심한 통증을 도저히 견딜 수 없어 연골주사를 5회 맞기도 했었습니다. 그러던 중 썬리치에서 출시되는 통증클리닉 제품을 접하게 되었습니다.

국내 최초의 통증 개선 식품이라고 하니 무언가 믿음이 가긴 했지만, 그간 많은 제품을 먹어본 상황이라 반신반의 했습니다.

다만 이 제품은 순수생약 성분이라 부작용이 전혀 없다

는 장점을 믿고 섭취를 하게 되었는데 섭취 3~4일이 지나면서 몸에서 변화가 시작되었습니다.

일단 몸살처럼 온몸이 아프기 시작했는데 그것이 가라앉자 신기하게도 몸이 가뿐하고 발걸음이 너무 가벼운 게 아니겠습니까.

잠시 아팠다 가벼웠다를 반복하더니 드디어 명현현상이 지났는지, 어느 날 오후부터 피곤함과 무력감 권태감이 없어지면서 늘 고질병이던 무릎을 찌르는 듯한 통증이 저도 모르게 사라져 버렸습니다.

15년 동안 저를 괴롭히던 아픔에서 해방시켜준 이 제품을 지금은 더 열심히 먹고 있습니다. 더 건강한 삶을 원하는 많은 분들에게 통증클리닉 제품을 전해드리고 싶습니다. 끝으로 이 제품을 만들어주신 관계자 분들께 진심으로 감사드립니다.

성 명 : 김광수(남)
나 이 : 54세
주 소 : 대전시 서구 갈마동

저는 사업을 시작한지 3개월 된 사업자입니다. 처음에 신

제품으로 통증클리닉 제품이 나왔다고 하기에 제가 먼저 직접 섭취를 하게 되었습니다.

저는 각종 스트레스로 인해 소화가 잘 안 되고, 명치끝이 답답하고 뻐근했으며, 머리가 무겁고 무기력한 상태였습니다. 아침부터 몸은 축 늘어지고 무거웠으며 뼈 마디마디가 쑤시고 목뒤가 뻣뻣하여 늘 피곤한 기분이었지요.

그런데 통증클리닉 제품 섭취 후 많은 것이 달라졌습니다. 일단 소화가 잘되고 변도 잘 나오며 무엇보다도 머리가 깨끗해지고 맑아지면서 힘이 솟는 기분입니다. 걸음걸이도 가벼워지고 뻣뻣한 목도 풀리고 살맛나는 기분 좋은 컨디션으로 아침마다 불끈 힘이 납니다.

통증클리닉 제품이 가져다준 이 행운을 어떻게 말로 다 표현할 수 있겠습니까. 통증클리닉 제품은 힘을 주는 제품입니다. 세상사 무엇보다도 건강이 제일 아닙니까?

이 제품을 만나게 해주신 모든 분들께 대전에서 감사의 말씀 올리려고 합니다.

5장 무엇이든 물어보세요, 통증 Q&A

그렇습니다. 흔히 허리띠 구멍이 늘어나면 그만큼 수명이 줄어든다는 말이 있듯이 나이가 들면서 허리둘레가 늘어나는 것은 기본적으로 우리 몸이 노화하고 있다는 증거입니다.

이는 복부비만이 진행되면서 피가 오염되고 몸의 면역이 약해져 다양한 질병들에 노출될 수 있다는 의미입니다.

통증이 나타나는 것도 마찬가지로 몸의 노화와 무분별한 식생활과 생활습관으로 몸의 상태가 급격히 나빠졌다는 신호입니다.

동시에 비만은 물리적으로도 통증에 영향을 미칩니다. 표준체중보다 몸이 무거워지면 몸 전체의 하중을 견뎌야

하는 척추와 골반 디스크에 꾸준히 무리가 가고 이것이 통증을 불러올 수 있는 만큼, 요통과 허리 디스크로 고생하시는 분들은 반드시 체중 감량이 동반되어야 합니다.

- 외과적 수술 없이 기능성 식품으로도 통증을 치유할 수 있나요?

특별한 외부 손상이 없이 우리 몸에 나타나는 많은 만성 통증들은 기본적으로 자율신경계와 면역 체계의 혼란, 혈액의 오염 등 다양한 원인에서 시작됩니다. 그것을 단순히 통증 신경을 파괴하는 외과 수술로만 완치한다는 것은 불가능한 일이며, 그 효과 또한 보장할 수 없습니다.

이럴 때 피를 맑게 하고 면역 체계를 강화시키는 일이 근본적으로 필요한 데, 그 기본이 되는 것이 바로 규칙적이고 건강한 식생활입니다.

평소에 드시는 음식을 주의하시되, 면역력 강화와 혈액 정화에 도움이 되는 기능성 식품들을 병행하면 병의 호전에 큰 도움이 될 수 있습니다.

- 산후조리 중인데 온몸이 아픕니다. 어떤 조치가
  필요할까요?

최근 들어 직장여성들이 늘어나면서 산후조리에 소홀해 산후병을 앓는 경우가 많다고 합니다.

많은 분들이 허리뿐만 아니라 관절과 골반 통증 등을 호소합니다. 이처럼 허리 부근 통증이 오는 것은 태아와 양수의 무게로 요추가 눌려 주위 조직들이 늘어나는 부담을 장시간 겪었기 때문입니다.

또한 분만시 호르몬 분비로 골반 관절과 척추 인대가 늘어난 결과입니다. 이렇게 허리 부근의 근골이 약한 상태에서 직장에 다시 나가거나 집안일에 시달릴 경우 통증이 더 심해지게 됩니다.

평소 모유 수유를 할 때 바닥에서 젖을 먹이면 허리에 더 부담이 가는 만큼 의자에 앉아 수유를 하시도록 하시고, 누워서 먹일 때도 한쪽으로만 누워 먹이지 않도록 해야 합니다. 가장 좋은 방법은 산후 한 달이 지나기 전에 추나 요법으로 벌어졌던 근골계를 맞춰주고 뼈와 근골을 강화하는 기능식품을 섭취하는 것입니다.

호전반응은 원래 한의학에서 사용하는 단어로 기능식품을 복용한 후 체내에 축적됐던 독소와 노폐물이 급속히 배출되며 나타나는 현상입니다.

이런 호전현상은 체질이 바뀌면서 일시적으로 나타나는 증세인 만큼 크게 걱정하지 않으셔도 되며, 사람마다 없는 사람도 있고 심한 사람도 있습니다. 만일 호전반응이 심하다면 체내에 노폐물이 많다는 의미인데, 평소 자극적인 음식과 인스턴트식품을 즐기거나 과거에 큰 병을 앓아 약을 장기복용했던 경험이 있거나 스트레스가 심한 분들이 호전반응이 강하게 나타납니다.

호전반응의 증상은 사람마다 다른데 얼굴의 여드름과 설사나 변비, 불면증 또는 졸음, 눈곱과 콧물, 현기증, 치통, 입 냄새, 손발 통증, 위통, 관절통, 옛 상처의 가려움 두통, 몸살 등이 나타납니다. 이런 증상이 처음 나타나면 놀라지 마시고 잠시간 먹던 기능성 식품 복용을 줄이거나 잠시 중단하고 긍정적인 마음을 가지는 것이 중요합니다.

- 허리가 아플 때 복대를 하면 좋다고 하는데
  사실인가요?

  물론 허리 통증과 요통 등에 복대는 일정한 도움을 줍니다. 허리 근육과 복부 근육에 가해지는 힘을 줄여주는 동시에 허리를 잘 지지해주기 때문입니다. 하지만 이 복대를 일상적으로 착용하는 것은 좋지 않습니다.

  복대의 압박과 지지 효과로 인해 몸을 받쳐야 할 근육의 의존도가 높아져 오히려 근육이 약해지기 때문입니다. 실제로 디스크 수술 후에 수개월씩 복대를 착용할 경우 오히려 만성 요통이 올 수 있습니다. 따라서 처음에 가장 고통스러울 때만 장시간 착용하고 점점 시간을 줄여나가면서 근력을 강화하는 쪽이 현명합니다.

통증, 참지 말고 날려버리자

우리가 매일 같이 겪는 작고 큰 통증들은 일상의 질을 떨어뜨리는 가장 큰 원인이다. 하지만 대부분의 사람들은 너무 바쁜 생활 때문에 병원에 한번 발걸음하기도 쉽지 않다. 그러나 이런 통증은 가만히 두면 질병의 원인이 될 뿐 아니라 점점 더 고착화되고 심해질 수밖에 없다.

이런 통증들을 내 몸에서 날려버리려면 통증에 대해 잘 알고, 섭식과 생활습관부터 고쳐야 한다. 우리 몸의 질병을 만드는 것은 다름 아닌 우리 자신의 잘못된 생활에 있기 때문이다.

이 책은 온몸의 균형을 맞추고 질병을 외과적이 아닌 근원적으로 치유할 수 있는 다양한 이론과 방법들을 소개함으로써 현대인들에게 익숙한 일상 통증을 생활 속에서 제거할 수 있도록 배려했다.

지금 내가 먹는 음식, 지금 나의 몸자세가 내 몸의 건강과 질병을 좌우한다는 생각으로 세심하게 내 몸을 보살핀다면, 통증이 몸에 자리 잡을 틈이 없게 될 것이다.

건강한 마음과 건강한 자세로 살아가고자 하는 모든 분들이 통증의 위협에서 벗어나 활력 있는 삶을 누릴 수 있기를 바라며 이 글을 마치고자 한다.

지은이 박 진 우

MEMO